偏光板を使って見たビタミンC

\ のぞいてびっくり！/
顕微鏡

身のまわりのもの

ビタミンCだよ！

忍足和彦 [著]

ポプラ社

身近にあるもの、たとえば台所にあるさとうや食塩、ティッシュペーパーやトイレットペーパー、コピー用紙、お札、ハンカチなどを顕微鏡で見たらなにが見えるでしょう。

また、火山灰や岩石を顕微鏡で見たらどんなふうに見えるでしょう。

顕微鏡で見ると、なにげなく見ているものがどのようにできているか知ることができます。人がつくったものにはさまざまな工夫があり、使いやすくつくられていることもわかります。

ミクロの世界をのぞく道具、顕微鏡を使って身近なものをさぐっていきましょう。

この本の使いかた

①カッターの刃など、取りあつかいに注意しなければならないものがあります。必ず大人の人といっしょに観察しましょう。

②各ページの写真は、10倍から100倍ほどの倍率で見たものを大きく引きのばしたものです。そのため、目安となる大きさを線で示すスケールを入れました。

③顕微鏡は、観察するものによって反射鏡や下からの照明だけではうまく見ることができないものがあります。

この本では、上から光をあてる方法や偏光板を使い、美しい写真を撮ってしょうかいしています。

④上からの光を使って見た画像には 上からの光 、偏光板を使って見た画像には 偏光板 、反射鏡や下からの照明を使って見た画像には 下からの光 と、示しました。上からの光で見る方法、偏光板を使って見る方法は、48ページにくわしく書いてあります。

⑤観察しやすい倍率を示しました。参考にしてください。

観察の方法　観察しやすい倍率

スケール　写真にあてると、大きさがわかる。

もくじ

のぞいてびっくり！
顕微鏡

- さとう …………… 4
- 食塩（しょくえん）…………… 6
- ビタミンC …………… 8
- ミョウバン …………… 10
- 尿素（にょうそ）…………… 11
- 和紙（わし）…………… 12
- コピー用紙（ようし）…………… 13
- コーヒーフィルター …………… 14
- いろいろな紙（かみ）…………… 16
- カラー印刷（いんさつ）…………… 18
- お札（さつ）…………… 20
- 織（お）りもの …………… 24
- いろいろな糸（いと）…………… 26
- カッターナイフ …………… 28
- やすり …………… 29
- 発泡（はっぽう）ポリエチレンシート …………… 30
- 発泡（はっぽう）スチロール …………… 31
- 養生（ようじょう）テープ …………… 32
- レコード …………… 34
- 火山灰（かざんばい）…………… 36
- 玄武岩（げんぶがん）…………… 38
- はんれい岩（がん）…………… 40
- 花こう岩（か　　がん）…………… 42

- 顕微鏡（けんびきょう）の使（つか）いかた …… 44
- 観察（かんさつ）のコツ …… 48
- 双眼実体顕微鏡（そうがんじったいけんびきょう）…… 49
- さくいん …… 50

表紙写真（ひょうししゃしん）：ビタミンCの結晶（けっしょう）　　うら表紙写真（ひょうししゃしん）：はんれい岩（がん）

さとう

上からの光　40倍

わたしたちの身のまわりには白くて小さなつぶがたくさんあります。さとうのひとつ、グラニュー糖を顕微鏡でのぞきました。とうめいで角ばったすがたを見ることができました。

さとう

さとうにはいろいろな種類がある。台所でよく使われる上白糖やグラニュー糖は、サトウダイコンの根からつくったテンサイ糖から結晶だけを取りだし、不純物をのぞいたもの。グラニュー糖は、つぶが大きいので観察しやすい。

グラニュー糖をそのままスライドガラスに乗せて見た。下に黒い紙をしくと、よりきれいに見える。

1mm

塩を見てみましょう。
さらさらしたものやつぶの大きいものなど
いろいろな種類があります。
食べるための塩、食塩で結晶をつくり、
顕微鏡でのぞいてみました。

食塩

食塩には、海水をこく煮つめ、水を蒸発させて
つくられる塩と、岩塩からつくられたものが
ある。観察したのは海水からつくられた食塩。

水にとかす前の食塩。少し水分をふくみ、結晶がくっつきあっていることがわかる。

食塩を水にとかし、ゆっくり水分が蒸発するのを待つと、すき通ってきれいな立方体の結晶になる。

0.5mm

ビタミンC

上からの光　40倍

ビタミンは、生きていくために
必要な栄養素のひとつ。
ビタミンCは、アスコルビン酸ともよばれ、
水によくとけます。
粉状のものをいちど水にとかしてから
水分を蒸発させ、結晶をつくりました。

ビタミンC

ビタミンCは水にとけやすいので、食べものや飲みものに入れ、からだに取り入れることができる。医薬品、健康によいサプリメントとして薬局でも売られている。

顕微鏡で見ると、無色の結晶はつぶでなく、
いろいろな方向にのびて大きくなっていた。

0.1mm

ミョウバン

下からの光　40倍

結晶は無色で8つの面をもつ八面体。
写真ではいくつかの結晶がくっついている。

ミョウバンは、つけものなど
食べものを加工するときや、
薬としても使われます。
ミョウバンは冷たい水よりお湯によくとけます。
そこで、熱湯にミョウバンをとけるだけとかして
スライドガラスに乗せました。
温度が下がると結晶がどんどんできてきます。

0.1mm

ミョウバン

理科実験用のミョウバン。すきとおって見える。

尿素

下からの光 | 40倍

尿素は、ほ乳類の尿から発見されたもの。無色無臭です。
植物を育てるための肥料や
医薬品の原料として使われています。
尿素をいちど水にとかしてから
スライドガラスの上で水分を蒸発させて観察しました。

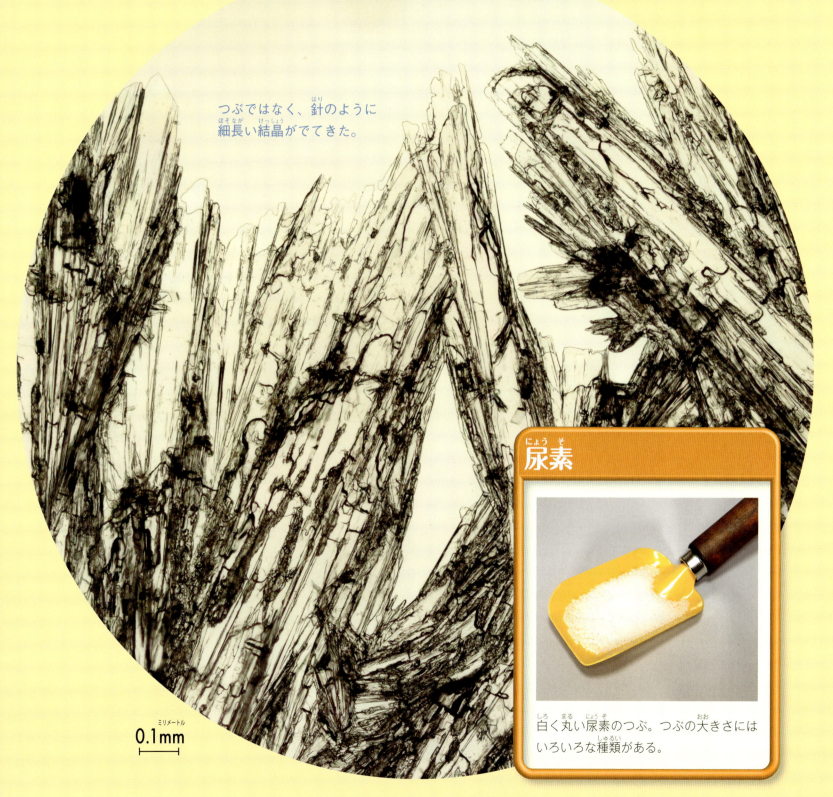

つぶではなく、針のように
細長い結晶がでてきた。

0.1mm

尿素

白く丸い尿素のつぶ。つぶの大きさには
いろいろな種類がある。

和紙

上からの光 | 40倍

紙は、日本で古くからつくられていた和紙と明治時代につくりかたが伝わった洋紙にわけられます。和紙はコウゾ、ミツマタ、ガンピなどの植物の繊維を原料としており、繊維が長くじょうぶです。和紙でつくられたはがきを観察しました。

和紙をつくっている繊維は長く、表面がぼこぼこしている。

0.5mm

和紙

和紙でつくられたはがき。はしを切り落としていないため、繊維のようすを観察しやすい。

コピー用紙

上からの光　40倍

ふだん使っている多くの紙は洋紙です。洋紙には、原料やつくりかたによってさまざまな種類がありますが、コピー用紙は木材から取りだした繊維でつくられています。コピー機で用いられるため、熱に強く、丸まったりすることの少ない紙です。

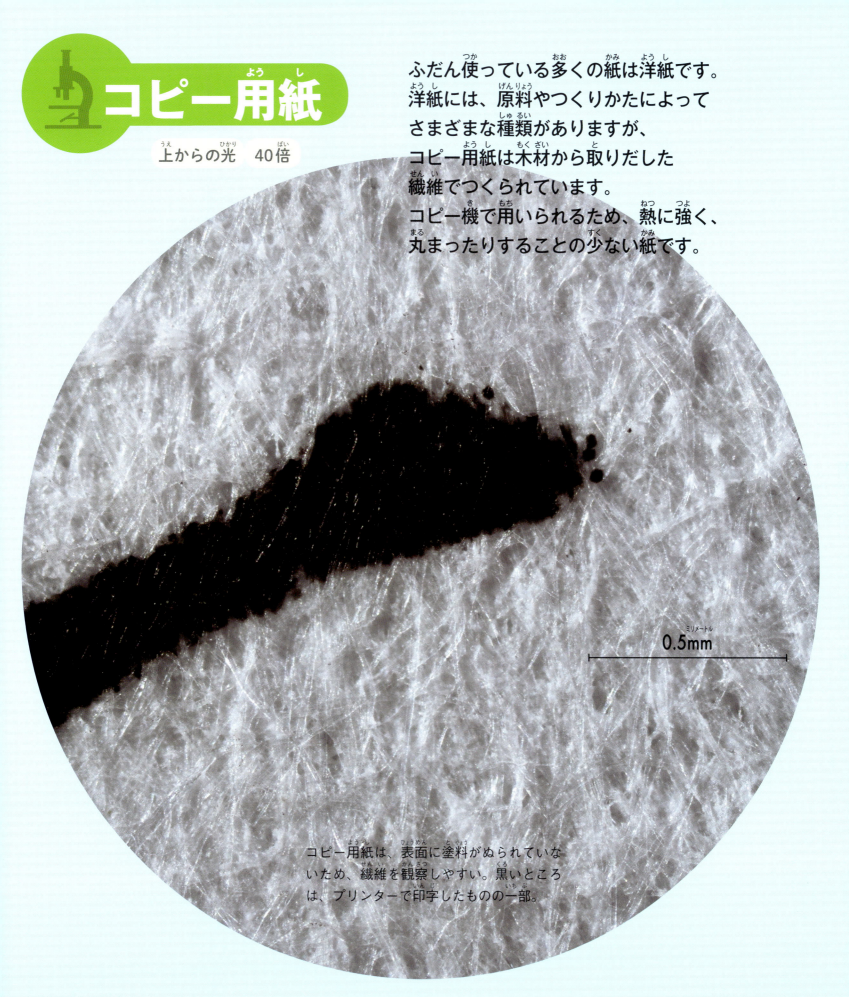

0.5mm

コピー用紙は、表面に塗料がぬられていないため、繊維を観察しやすい。黒いところは、プリンターで印字したものの一部。

コーヒーフィルター

上からの光　40倍

紙には「記録する」「つつむ」「すいとる」などの役割がありますが、理科実験で使われるろ紙のように、繊維のすきまを利用してろ過する役割もあります。コーヒーの水分と粉をこしわけるコーヒーフィルターを顕微鏡でのぞいてみました。

0.5mm

コーヒーをいれる前のコーヒーフィルター。紙の繊維がきそく正しく波うっている。

0.5mm

コーヒーをいれたあと。繊維のくぼみに粉がひっかかっている。

コーヒーフィルター

むかしは布を用いていたコーヒーフィルター。今は水分をふくんでもやぶれにくい紙が多く使われている。

いろいろな紙

台所やトイレなど生活のなかで使われる紙は、衛生用紙とよばれます。身近にある衛生用紙を顕微鏡でのぞいてみましょう。

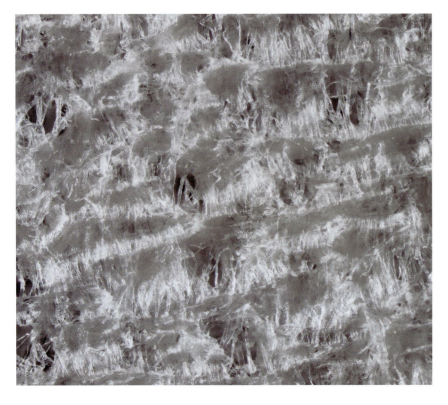

ティッシュペーパー

上からの光 40倍

うすくやわらかくつくられており、繊維がほぐれにくいよう、薬品で加工されている。水に入れてもとけない。

|—1mm—|

繊維は同じ方向を向き、表面にきそく的なでこぼこが見える。

トイレットペーパー

上からの光 40倍

いちど使われた紙、古紙からつくられることが多い。繊維はほぐれやすく水に入れるととける。
くぼんだところは、紙をつくったあと、製品にする時につけられたもの。

|—1mm—|

繊維のすきまが大きく、紙全体に厚みがある。

キッチンペーパー

上からの光　40倍

台所でよごれをふきとるのに使われるキッチンペーパー。さまざまな種類があるが、でこぼこのあるものを観察。

1mm

繊維が縦横に重なりあい、へこんだところは深い穴のように見える。

のぞいてみよう！コラム

レンズペーパー

上からの光　40倍

カメラや顕微鏡のレンズをきれいにするレンズペーパーをのぞいてみました。
細い繊維が複雑にからみあい、さまざまな大きさのすきまがあります。細い繊維がよごれをかきとり、すきまが水分や油分をすいとります。
撮影したレンズペーパーは、植物の繊維ではなく石油や石炭を原料とする合成繊維を使い、化学的、機械的方法で布のようにしあげたもの。織っていないため不織布とよばれます。
軽くてじょうぶなうえ、繊維の太さや長さを自由に変えることができるので、さまざまなところで利用されています。

カラー印刷

上からの光 100倍

パンフレットの写真を顕微鏡でのぞいてみました。たくさんの点がさまざまに重なりあっています。この点はあみ点とよばれるもので、直径は約0.1mm。多くのカラー印刷物にはマゼンタ、イエロー、シアン、ブラックといわれる4色のあみ点があります。

カラー印刷

4色で印刷されたパンフレット。顕微鏡の台に乗せる時は、重しを使って固定。さらに、拡大するところは、スライドガラスで平らになるようにおさえ、上から光をあてて100倍で観察した。

水色がシアン、ピンク色がマゼンタ、黄色がイエローのあみ点。ブラックのあみ点は、ここではほとんど見られない。

0.1mm

イエローとシアンが重なると緑色に、マゼンタとシアンが重なるとむらさき色になる。

お札

上からの光 ／ 40倍

たった1まいの紙でも価値の高いもの、それがお札です。
お札は正式には「日本銀行券」といい、国立印刷局が
紙づくりから印刷までおこなっています。
「日本銀行券」には、にせものをつくることが
できないよう、さまざまな技術が用いられています。
1万円札を顕微鏡でのぞいてみました。

1mm

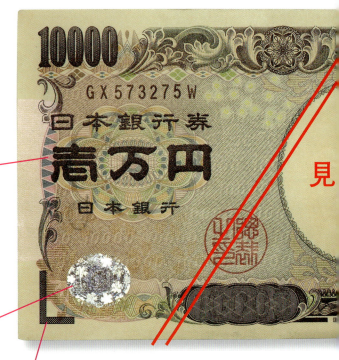

深凹版印刷という技術。インクがもりあがっている。

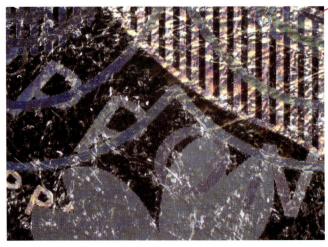

光る素材を使ったホログラム。見る角度によってサクラ、日本銀行のマーク、数字へと変わっていく。

目の不自由な人がわかりやすいよう、深凹版印刷でつくられた識別マーク。1万円札では、かぎかっこの形。

マイクロ文字。1本の線にしか見えないところに文字がかくされている。コピー機でコピーできないように小さく、さらにインクはもり上がっている。

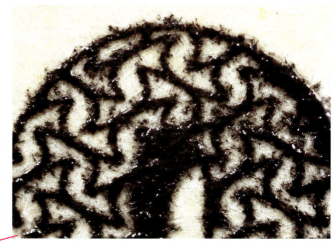

0の一部分。深凹版印刷で、複雑なもようが入っている。

超細密画線。肖像画の目は点ではなく線でえがかれている。

国立印刷局製造と印刷された文字の一部。

右側にある識別マーク。顕微鏡で見ると、左の識別マークと少し太さがちがうことがわかる。

1万円札のうらを見てみましょう。
表とくらべると色の数は少なくなっています。

現在発行されている1万円札。鳳凰像が印刷されている。昭和59年に発行された1万円札は、2羽のキジがえがかれている。

左側の目を拡大。色のちがいは紙の厚さのちがい。紙が厚いところは光を通しにくいので黒っぽく見える。

すかし。まんなかの丸いところにうしろから光をあてると顔がうかびあがる。表の肖像とくらべてみよう。

うかびあがった「NIPPON」の場所を観察すると、でこぼこがつけられていた。

ななめから見ると「NIPPON」の文字が見える。
これは見かたによって像があらわれる潜像もよう。

1mm

お札のなかの文字さがし

のぞいてみよう！コラム

お札に印刷されたマイクロ文字は21ページでしょうかいしましたが、お札にかくされた文字はこれだけではありません。お札の表とうら、それぞれに「ニ」「ホ」「ン」の文字がかくされています。さがしてみましょう。

お札にはローマ字で「NIPPON」と書かれています。けれども、カタカナは「ニ」「ホ」「ン」となっています。

1mm

織りもの

上からの光 40倍

織りものは、たくさんの糸を使っています。
糸の使いかたによって、
さまざまな織りものがあります。
もようのあるもめんのハンカチを見てみましょう。

ハンカチ

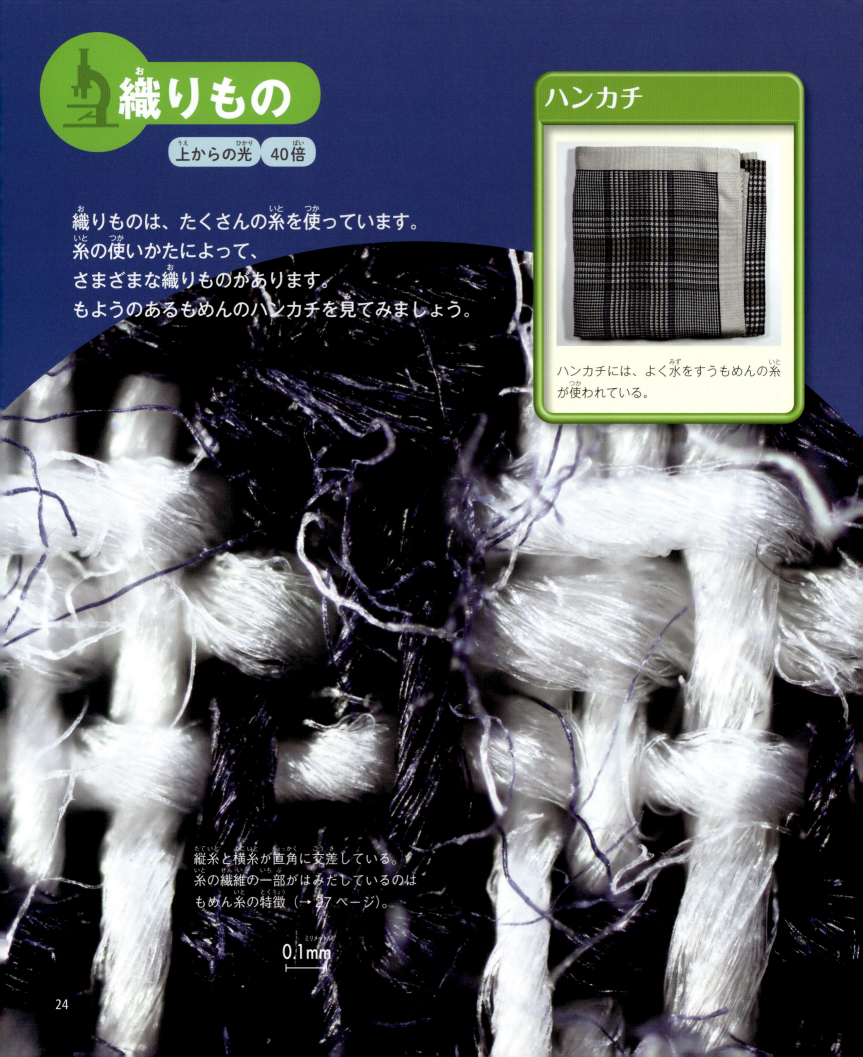

ハンカチには、よく水をすうもめんの糸が使われている。

縦糸と横糸が直角に交差している。
糸の繊維の一部がはみだしているのは
もめん糸の特徴（→27ページ）。

0.1mm

このレンズクロスは、ポリエステルとナイロンという石油から化学的につくられた糸で織られている。糸の繊維は左のもめん糸より細く、こまかいよごれをキャッチするのにむいている。

0.1mm

めがねのよごれをふき取るレンズクロスを顕微鏡でのぞいてみました。
きれいなくさりあみが連なっています。
くさりあみによってできたでこぼこが、よごれをかきとる役割をするようです。

レンズクロス

レンズをふきやすいよう、うすくやわらかくしなやかな糸を用いている。

いろいろな糸

上からの光　40倍

糸は、動物や植物の繊維、人工的につくった繊維などをねじりあわせてじょうぶにしたものです。顕微鏡でのぞいてみると、細い繊維が糸をつくっているようすがわかります。ぬい糸としてよく使われる3種類の糸をくらべてみました。

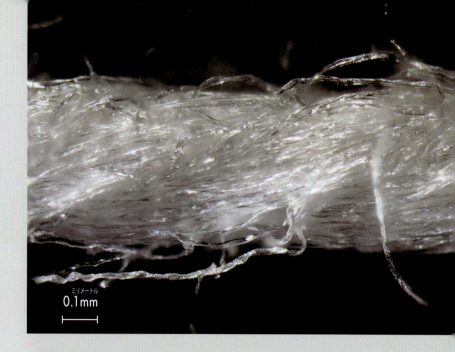

0.1mm

0.1mm

ぬい糸

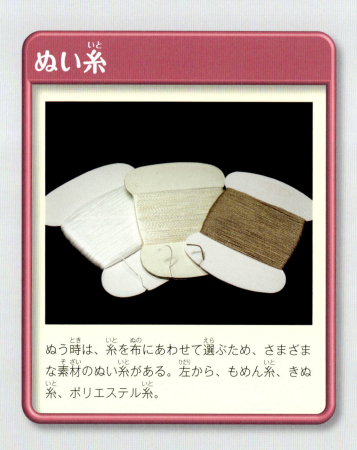

ぬう時は、糸を布にあわせて選ぶため、さまざまな素材のぬい糸がある。左から、もめん糸、きぬ糸、ポリエステル糸。

0.1mm

もめん糸

もめん糸は、ワタの種子についている白い繊維をそろえながら、ねじってからみあわせたもの。1本1本の繊維がカールしているので、繊維はしっかりとつながりあうが、短いためとびだしてしまうものがある。

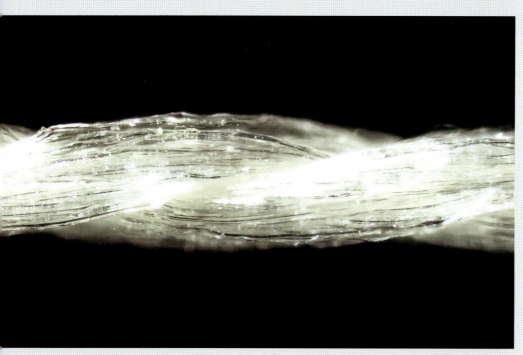

きぬ糸

きぬ糸は、カイコガのまゆからとった糸を利用したもの。まゆの糸は長く1000ｍ以上にもなるが、とても細いので何本かをよりあわせて糸にする。独特のつやがあり、しなやか。もめんの糸とくらべると、細くけばだちがない。

ポリエステル糸

ポリエステル糸は、石油からつくられたポリエステルのチップをとかし、液体を小さな穴からおしだしてつくる。人工的につくるため、繊維の太さや長さを自由に変えることができる。繊維は長く、太さがそろっている。

カッターナイフ

上からの光　40倍

カッターナイフは、なぜ、切れなくなるのでしょう？
刃を顕微鏡でのぞいてみました。
新しい刃はまっすぐで、よごれていません。いっぽう、何度も使って切れなくなった刃はぼろぼろになり、欠けたようなところがありました。

刃を取りかえられるカッターナイフ。

まだ使っていない新しい刃。まっすぐでとがっている。

使っているうちに切れなくなった刃。
刃は丸みをおび、茶色いさびがついている。

やすり

上からの光　40倍

やすりを知っていますか？
やすりは、板のような形の鋼鉄の面に、細かいみぞをきざんだもの。こすって表面を平らにしたり、角を丸くしたりするのに使われます。
金属加工用のやすりを見てみましょう。

観察した金属加工用のやすり。やすりには目的によってさまざまな種類がある。

0.1mm

鋼鉄の板にきそく正しく溝（目）がきざまれている。溝によってできた山のへりが刃となり、こすったものをけずりとっていく。

発泡ポリエチレンシート

下からの光　40倍

われやすいものをつつむ時に使う、ポリエチレンシート。プラスチックの1種、ポリエチレンにガスを入れ、あわをつくらせてシートにしています。どんなしくみになっているか、顕微鏡でのぞいてみました。

軽くてやわらかな発泡ポリエチレンシートは水を通さず、熱も通しにくい。

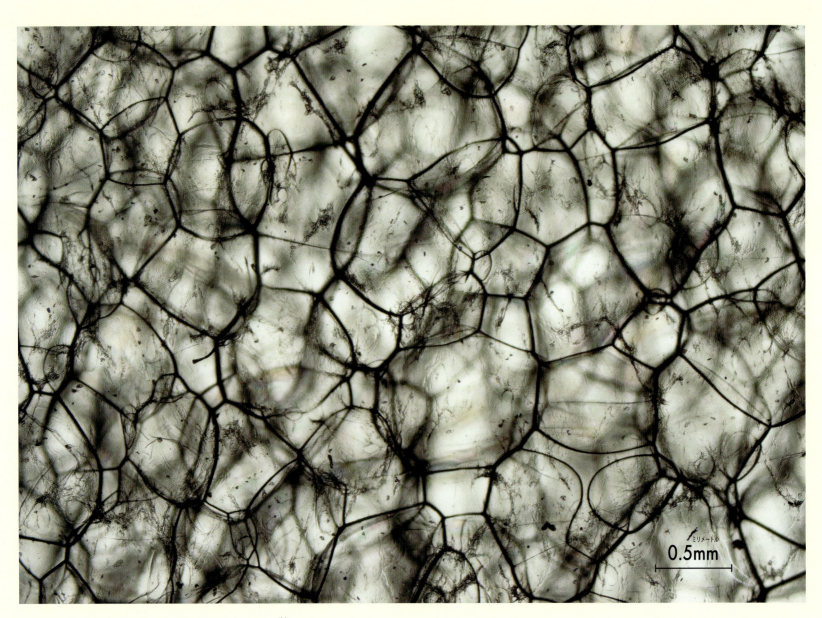

0.5mm

シートのなかにふくまれたあわはシャボン玉のよう。このあわのようなつくりがクッションの役割をはたし、全体を軽くしている。

発泡スチロール

下からの光　40倍

発泡スチロールの表面をよく見ましょう。
丸い形がくっついてつながっています。
丸い形は、小さなポリスチレンのつぶがふくらんだもの。
発泡スチロールは、ふくらんだポリスチレンの
つぶ同士をくっつけてつくられています。

発泡スチロールは軽いだけでなく熱を通さないため、冷凍食品などを入れるのにも使われる。

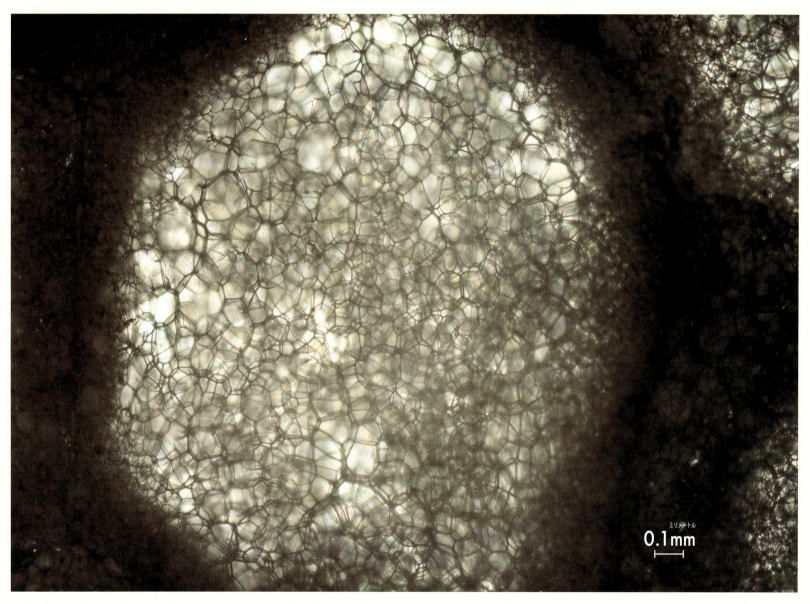

0.1mm

顕微鏡で見やすいよう、発泡スチロールをうすく切って観察した。すきとおって
見えるところは、あわでふくらんだところ。

養生テープ

上からの光　40倍

養生テープは、工事やひっこしの時などに
よく使われる接着テープです。
はばの広いテープですが、
手でまっすぐ切ることができる、
きれいにはがすことができる、
重なったところがはがれにくい、
などの特徴をもっています。
どんなひみつがあるのか、
顕微鏡でのぞいてみました。

養生テープ

養生テープにはいろいろな色やしくみのものがある。今回は、緑色のものを手でちぎって観察。

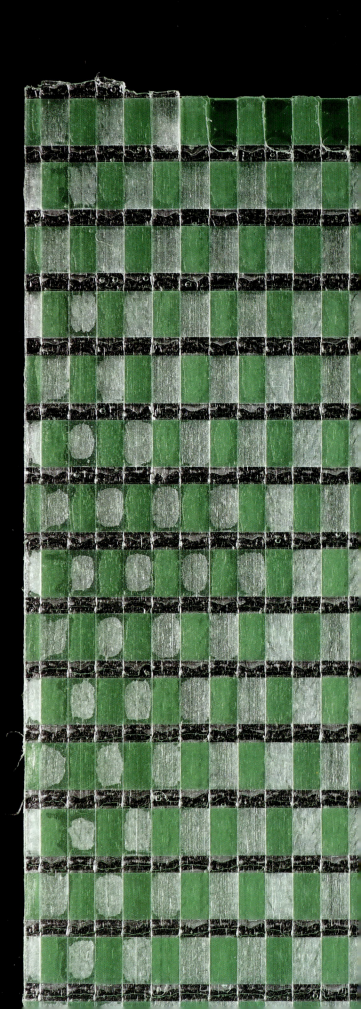

に切ることができるしくみ。左上は、縦方向の白いテープが少し残っているが、注意深く見ないと気がつかないほど。

1mm

レコード

上からの光 40倍

音楽などの音を溝（音溝）に記録した塩化ビニルの円ばんがレコードです。プレーヤーについているレコード針が溝をなぞり、音を再生させます。顕微鏡で見てみましょう。

レコード

写真はまんなかが丸くあいた「ドーナツばん」とよばれるレコード。細い線がうずをまいている。レコードを世界ではじめてつくったのは、アメリカの発明家エジソン。そのころのレコードは円筒形だった。

0.5mm

回転するレコードの溝にレコード針がふれると、溝の形にあわせて振動する。振動は電気信号に変えられ、スピーカーやヘッドフォンから音となってでてくる。溝は、複雑な音では波うち、音のないところではまっすぐになる。

火山灰

上からの光 **40倍**

火山灰は、地下にあるマグマが
地表にふきだす時、
ふきだされるもののひとつ。
大きさは2mm以下のつぶです。
小さいため風にのって広く散らばり、
ふりつもって農作物やくらしに
被害をあたえることがあります。

火山灰

火山灰は、軽く水洗いしてよぶんなものを取りのぞき、つぶをバラバラにしてから観察する。観察したのは鹿児島県の桜島の火山灰。火山によって火山灰のようすはちがっている。

桜島の火山灰には、黒っぽいものやとうめいなガラス質のものなど、さまざまなものがまじっている。黒っぽく、光を通さないものもあるので、ななめ上から光をあてて観察した。

0.1mm

玄武岩 100倍

高温で液体状のマグマが、冷えてかたまったものを火山岩といいます。

マグマにはさまざまなねばりけがありますが、玄武岩は、ねばりけの小さいマグマが急に冷えてかたまった火山岩のひとつです。

下からの光

石基

0.1mm

白いところは、マグマが急に冷やされたため、大きな結晶になれなかった部分、石基。ふつうの光ではあまりよく見えない。

下からの光で見たものと、偏光板を使って見たものをならべてみました。

偏光板

岩石のプレパラート

岩石を調べるためのプレパラート。むこう側がすけて見えるほど、うすくけずられている。

偏光板を使って見ると、白く見えた石基に、たくさんの鉱物があることがわかる。

0.1mm

はんれい岩 100倍

はんれい岩も、ねばりけの小さいマグマでできています。
玄武岩（→38ページ）よりも地下深くでゆっくりと冷えてかたまったため、大きな鉱物の結晶を見ることができます。

下からの光

結晶が大きい。
玄武岩（→38ページ）とくらべてみよう。

0.1mm

偏光板を使って見たもの。色は、光の
あてかたや、観察方法によって変わる。

偏光板

0.1mm

花こう岩

100倍

ねばりけの強いマグマがゆっくりと冷え、かたまってできた白っぽい火山岩です。色が明るく美しく、大きなブロックで切りだすことができるので、石材としてよく使われています。

下からの光

下からの光で見たもの。白っぽいところが多い。

0.1mm

偏光板

白っぽく見えたところでも、偏光板を使って見ると、ちがう色があらわれる。これは、異なる鉱物が組み合わさっているため。

0.1mm

顕微鏡の使いかた

顕微鏡にはものを拡大する対物レンズと接眼レンズがついています。
見る時の倍率はそれぞれの倍率をかけたものになります。
4倍の対物レンズと10倍の接眼レンズを使った時は、
「4×10＝40」で40倍で観察していることになります。

部分のよび名

接眼レンズ
のぞくところ。対物レンズで拡大したものをさらに拡大する。

レボルバー
倍率を変えるため、対物レンズを切り変えるときにまわす。

鏡筒
対物レンズに入った光がこのなかを通って接眼レンズにむかう。

対物レンズ
見たいものを拡大する。

アーム
顕微鏡を運ぶときに持つところ。

ステージ
プレパラートを置くところ。観察台。

調節ねじ
ステージを上下させてピントを合わせる。

クリップ
スライドガラス（プレパラート）などをおさえる。

反射鏡
外からの光をプレパラートにあてる。LEDなどの光源ランプがついたものもある。

台
顕微鏡をささえるところ。

ランプがついた顕微鏡

LEDランプ
LEDなどのランプがついており、スイッチでつけたり消したりできる。明るさを調節できるものもある。

じゅんび

アームをしっかりとにぎり、反対の手で台を下からささえて運びます。

置く場所

顕微鏡は、**直射日光のあたらない明るく水平な場所**に置きます。
ぐらつきのある実験台や机での観察はやめましょう。直射日光を反射鏡にあてて見ようとすると目をいためます。ぜったいにやめましょう。

使いかた

❶ 対物レンズをいちばん倍率の低いものにする

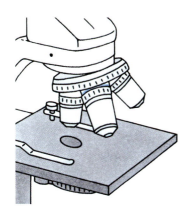

さいしょはいちばん倍率の低いレンズにしておく。
対物レンズを変える時は、直接レンズにさわらず、必ずレボルバーをまわす。

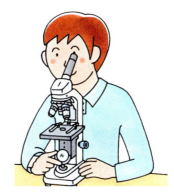

接眼レンズをのぞきながら反射鏡を動かし、見やすい明るさになるようにする。
反射鏡に直射日光をあててはいけない。

❷ スライドガラスなど見るものをステージに置く

見たいものをスライドガラスに乗せてステージに置く。
この時に見たいものができるだけ対物レンズの真下、光のくる穴のまんなかになるようにしておく。

位置が決まったらクリップでとめる。

❸ 横から見ながら

対物レンズとスライドガラスを横から見て調節ねじをゆっくりまわし、対物レンズの先をできるだけ見たいものに近づける。

❹ ピントを合わせる

接眼レンズをのぞきながら、対物レンズがスライドガラスからはなれていく方向に調節ねじをゆっくりまわし、ピントが合うところをさがす。
行きすぎたらゆっくりもどしてピントを合わせる。

❺ 見たいものをまんなかに

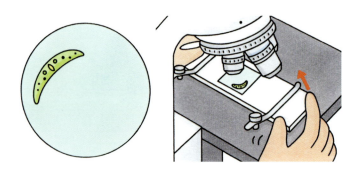

視野の中心がいちばんきれいに見えるので、見たいものがまんなかにくるよう、スライドガラスを動かそう。
イラストのように見たいものが左上に見えていたら、実際には右下にある。スライドガラスを少しずつ左上にずらしていこう。

❻ 対物レンズで倍率をあげる

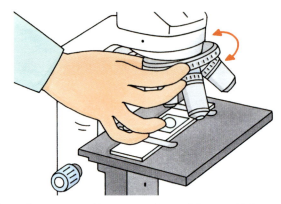

倍率の低いものから高いものに変える時には、対物レンズにさわらずにレボルバーをまわしてレンズを変える。レンズをさわっていると軸がずれてしまい、正しく見えなくなってしまう。

倍率の高いレンズほど長く、レンズの先が見たいものに近づく。
倍率の高いレンズに変える時は、横から見てぶつからないように注意する。

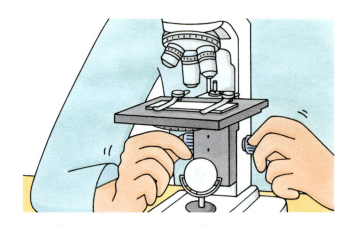

レンズを変えてもピントはだいたい合うようになっている。
そのため、レンズを変えるたびに調節ねじを大きく動かす必要はない。ピントが合っていない時は、調節ねじを少しだけ動かしてピントを合わせなおす。

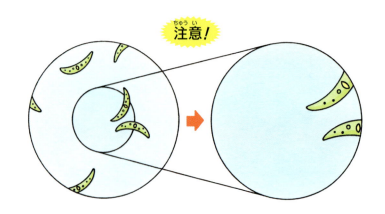

倍率をあげると、見えるはんいはどんどんせまくなる。
倍率の高いレンズに変える前に、見たいものの位置をできるだけ対物レンズの真下、穴のまんなかにもってくるようにしよう。

見えない時は

「見えない」というのは「見たいものが視野からはずれている」「ピントが合っていない」「レンズがよごれている」などの理由が考えられます。

❶ 見たいものが視野からはずれている

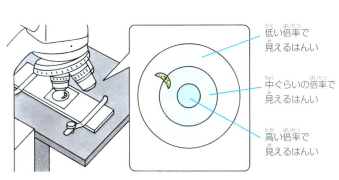

倍率をあげたので、視野（見えるはんい）からはずれてしまったかもしれない。倍率の低いレンズに変え、見たいものがはしにあるようなら、まんなかに移動させる。

倍率をいちばん低くしても、見たいものが見つからない時はステージを見てみよう。光のあたっている部分に見たいものがあるかどうかを確かめよう。

❷ ものがボケて見える

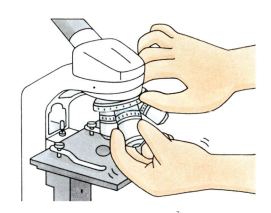

最初に考えられるのはピントが合っていないこと。調節ねじを動かしてみよう。

対物レンズによごれがつくと、ぼけて見えることがある。レンズをはずしてブロアー（空気でほこりを飛ばす道具）でほこりを取り、専用のクリーニングペーパーなどでそっとふこう。

あとかたづけ

使いおわったらぬれたところやよごれなどをふきとります。顕微鏡によってはレンズをはずしてしまうものがあります。接眼レンズはぬきとるだけですが、ほこりが入らないよう、わすれないようにふたをします。必ず両手で持って専用ケースに入れるなど、たいせつにあつかいましょう。顕微鏡専用のケースがないときは、大きめのビニール袋や布をかぶせます。

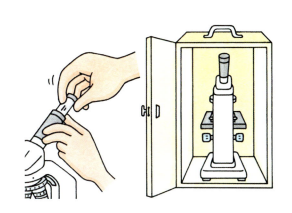

観察のコツ

❶ 曲がったものは平らにしよう

紙などは少し曲がっていただけでも全体にピントが合いません。強くおさえたい時は、スライドガラスを使いましょう。ただし、40倍など高い倍率の対物レンズでは先がぶつかることがあるので、10倍までにしておきましょう。

うすいカバーガラスでなく、スライドガラス2まいではさみ、はしをテープでとめる。

❷ 上からの光を利用しよう

顕微鏡は反射鏡やランプで下から光をあて、ものをすかして見るようになっています。しかし、ハンカチやレコードのように光を通さないものもあります。そんな時はペンライトなどを使ってイラストのようにななめ上から光をあててみましょう。角度を変えると見えかたもちがってきます。

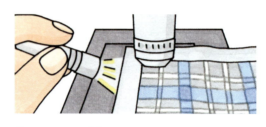

見たいものの上からライトをあてる。

❸ 偏光板を使って見る

岩石の標本はふつうの顕微鏡で見ると、種類を見わけにくいことがあります。
そんな時に専門家は偏光顕微鏡を使います。色のなかったところに美しい色があらわれ、見えにくかったところがよくわかることもあります。
ふつうの顕微鏡でも偏光板を用いると、偏光顕微鏡のように見ることができます。偏光板を使って観察してみましょう。

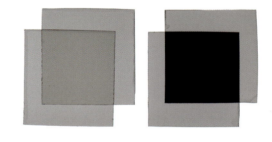

偏光板
自然光のなかからある一定の方向の光だけを通すことができる板。重ねる角度を変えると、光の通りかたが変わり、見えかたも変わる。

顕微鏡への取りつけかた
①接眼レンズの大きさに偏光板を切り、内側にテープでとめる。
②反射鏡を使っている場合は反射鏡の上に、ランプを使っている時はランプの上にテープでとめる。ステージの穴に下側からとめてもよい。
③接眼レンズをまわし、見えかたを調整する。

双眼実体顕微鏡

双眼実体顕微鏡の倍率は 20～40 倍くらいです。顕微鏡ほど倍率をあげることはできませんが、両目でものを立体的に見ることができます。

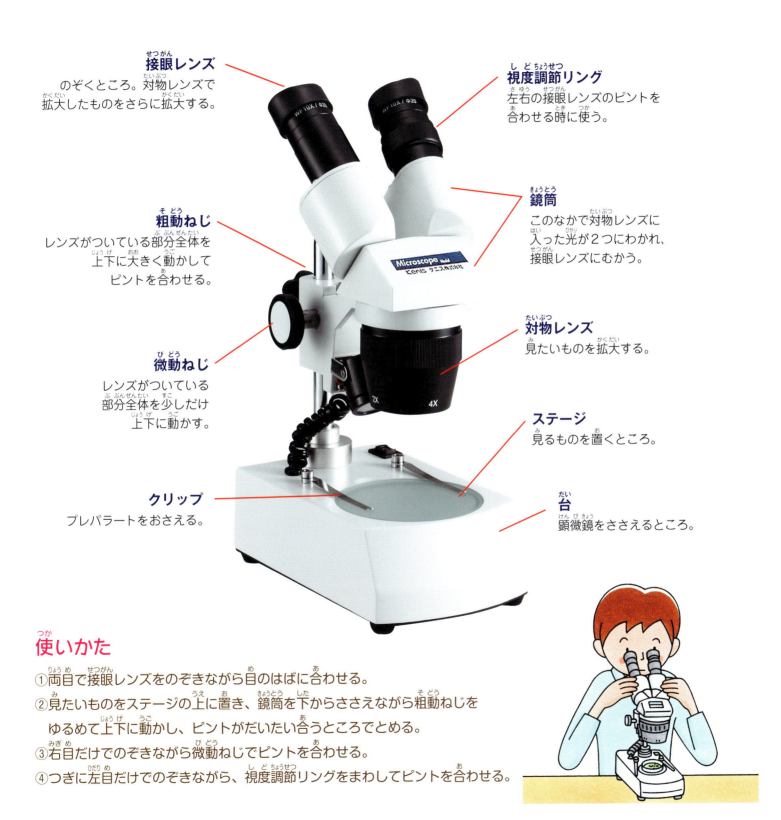

接眼レンズ
のぞくところ。対物レンズで拡大したものをさらに拡大する。

視度調節リング
左右の接眼レンズのピントを合わせる時に使う。

粗動ねじ
レンズがついている部分全体を上下に大きく動かしてピントを合わせる。

鏡筒
このなかで対物レンズに入った光が2つにわかれ、接眼レンズにむかう。

微動ねじ
レンズがついている部分全体を少しだけ上下に動かす。

対物レンズ
見たいものを拡大する。

ステージ
見るものを置くところ。

クリップ
プレパラートをおさえる。

台
顕微鏡をささえるところ。

使いかた
①両目で接眼レンズをのぞきながら目のはばに合わせる。
②見たいものをステージの上に置き、鏡筒を下からささえながら粗動ねじをゆるめて上下に動かし、ピントがだいたい合うところでとめる。
③右目だけでのぞきながら微動ねじでピントを合わせる。
④つぎに左目だけでのぞきながら、視度調節リングをまわしてピントを合わせる。

さくいん

あ行
アーム 44
アスコルビン酸 8
あみ点 18
衛生用紙 16
LEDランプ 44
織りもの 24
音溝 34

か行
花こう岩 42
火山灰 36
カッターナイフ 28
カバーガラス 48
キッチンペーパー 17
きぬ糸 26 27
鏡筒 44 49
グラニュー糖 4
クリップ 44 45 49
結晶 4 6 8 10 11
玄武岩 38 39
コーヒーフィルター 14 15
コピー用紙 13

さ行
さとう 4
塩 6
視度調節リング 49
食塩 6
すかし 22
ステージ 44 45 47 49
スライドガラス 18 44 45 46 48

接眼レンズ 44 45 48 49
石基 38
潜像もよう 23
双眼実体顕微鏡 49
粗動ねじ 49

た行
対物レンズ 44 45 46 47 49
超細密画線 21
調節ねじ 44 45 46 47
ティッシュペーパー 16
トイレットペーパー 16

な行
尿素 11

は行
発泡スチロール 31
発泡ポリエチレンシート 30
ハンカチ 24
反射鏡 44 45 48
はんれい岩 40
ビタミンC 8
微動ねじ 49
深凹版印刷 20 21
不織布 17
プレパラート 44
偏光顕微鏡 48
偏光板 39 41 43 48
ペンライト 48
ポリエステル糸 26 27
ホログラム 20

ま行
マイクロ文字 21 23
ミョウバン 10
もめん 24
もめん糸 24 26 27

や行
やすり 29
洋紙 12 13
養生テープ 32

ら行
レコード 34
レボルバー 44 45 46
レンズクロス 25
レンズペーパー 17
ろ紙 14

わ行
和紙 12